BEI GRIN MACHT SICH IHR WISSEN BEZAHLT

- Wir veröffentlichen Ihre Hausarbeit,
  Bachelor- und Masterarbeit

- Ihr eigenes eBook und Buch -
  weltweit in allen wichtigen Shops

- Verdienen Sie an jedem Verkauf

Jetzt bei www.GRIN.com hochladen und kostenlos publizieren

Moritz Brand

Geschichte der Kryptographie

Von der Antike bis zum zweiten Weltkrieg

GRIN Verlag

Bibliografische Information der Deutschen Nationalbibliothek:

Die Deutsche Bibliothek verzeichnet diese Publikation in der Deutschen National-
bibliografie; detaillierte bibliografische Daten sind im Internet über http://dnb.d-
nb.de/ abrufbar.

Impressum:

Copyright © 2013 GRIN Verlag GmbH
Druck und Bindung: Books on Demand GmbH, Norderstedt Germany
ISBN: 978-3-656-50016-2

Dieses Buch bei GRIN:

http://www.grin.com/de/e-book/233307/geschichte-der-kryptographie

GRIN - Your knowledge has value

Der GRIN Verlag publiziert seit 1998 wissenschaftliche Arbeiten von Studenten, Hochschullehrern und anderen Akademikern als eBook und gedrucktes Buch. Die Verlagswebsite www.grin.com ist die ideale Plattform zur Veröffentlichung von Hausarbeiten, Abschlussarbeiten, wissenschaftlichen Aufsätzen, Dissertationen und Fachbüchern.

Besuchen Sie uns im Internet:

http://www.grin.com/

http://www.facebook.com/grincom

http://www.twitter.com/grin_com

Die Entwicklung der Kryptographie
Von der Antike bis zum zweiten Weltkrieg

Von

Moritz Brand

Geschichte der Mathematik

WS 2012/13

Inhaltsverzeichnis

1. Einleitung

Vor einiger Zeit schaute ich den Spielfilm „James Bond – Liebesgrüße aus Moskau" aus dem Jahr 1963. In diesem Film wird der Britischen Regierung eine Falle gestellt, in der sie damit gelockt wird, eine sowjetische Dechiffriermaschine „Lector" zu erhalten. Diese war für die Regierung von solch großer Bedeutung, dass sie ihren besten Agenten auf die Aufgabe ansetzten und sogar dessen Tod in Kauf nahmen. Als James Bond die Koffer-große Maschine schließlich in die Hände bekam, war mein größtes Interesse geweckt:

In dem heutigen Zeitalter der Computer scheint es für uns selbstverständlich, dass Internet Protokolle und andere Texte digital in Sekunden-Schnelle verschlüsselt und ohne einen eigenen Handgriff wieder entschlüsselt werden.

Das Militär und die Regierungen benutzen Kommunikationsleitungen, die beinahe nicht zu knacken sind und arbeiten somit auf höchster Sicherheitsstufe. Doch auch unsere persönlichen E-Mails und Telefonate haben einen Sicherheitsstandard, den sich Menschen vor mehreren Hundert oder gar Tausend Jahren nicht einmal hätte erträumen können. Aber auch in dieser Zeit gab es Kriege und Konflikte und somit den Bedarf Texte und Nachrichten zu verschlüsseln, um sie vor Feinden geheim zu halten.

Ich fragte mich nun, wie dies in vergangenen Tagen aussah: Was für Verschlüsselungs-methoden gab es und wie wurden Sie angewendet? Wie lange dauerte es wohl wichtige Texte zu verschlüsseln? Gab es ein Verfahren, welches sich über mehrere Jahrhunderte bewährte, oder erneuerten sich die Methoden ständig? Und über welche Ansätze haben Wissenschaftler in der Vergangenheit versucht eben diese Methoden zu brechen?

All dies waren Fragen die sich mir stellten, und die ich im folgenden Essay zu klären versuche. Hierbei beschränke ich mich auf nicht-maschinelle Methoden, um mich an den vorgegebenen Umfang zu halten und versuche die verschiedenen Verschlüsselungsmethoden anhand von Theorie und Beispielen verständlich und anschaulich zu vermitteln.

2. Steganographie – Das Verstecken von Nachrichten

Die ersten Hinweise auf die Verschlüsselung von Texten wurden um 2000 v.Chr. bei den Ägyptern entdeckt. So wurden auf dem Sarg von Khunumhotep II sowie dem Sarkophag des Pharao Seti I unübliche Hieroglyphen gefunden. Hierbei handelte es um die Substitution von Symbolen, wobei der Zweck vermutlich nicht dem Verschlüsseln von texten, sondern dem Ausdruck des gesellschaftlichen Ranges und der Autorität der Verstorbenen diente. Etwa 1500 Jahre später wurde bei vielen Völkern bereits ein deutlich anderes System der Geheimbotschaften benutzt. Die Nachrichten wurden nun nicht mehr verschlüsselt, sondern versteckt. Eine verbreitete Methode war das Einbrennen von Nachrichten auf den rasierten Kopf von Sklaven. So wurden diese losgeschickt, sobald das Haar nachgewachsen war und daraufhin vom Empfänger wieder rasiert und somit sichtbar gemacht[1]. Andere Methoden der Steganographie, dem Verbergen von Nachrichten, waren das Schreiben von Nachrichten auf Seide, welche zu Kügelchen gerollt und in Wachs gehüllt wurde, bevor der Bote diese verschluckte. Diese Methode ist von den alten Chinesen bekannt. Darüber hinaus ist bekannt, dass Demaratos, ein im Exil lebender Grieche, 480 v. Chr. Seine Landsmänner vor einem Angriff der Perser warnte, indem er das Wachs von einer Schreibtafel abkratzte, die Nachricht in das Holz schrieb und die Tafel erneut mit Wachs überzog. Somit konnte die Warnung unerkannt nach Griechenland geschickt werden und der Angriff der Perser vereitelt werden[2]. Nachteil der Steganographie war allerdings, dass beim Auftauchen der Nachricht, keinerlei Verschlüsselung und somit Schutz vorlag. Daher entstanden in Zukunft Methoden, um Texte zu verschlüsseln – Die Kryptographie.

3. Erste Verschlüsselung von Texten

Etwa 475 v.Chr. ist eine erste militärisch verwendete Verschlüsselungsmethode von den Spartanern benutzt worden. Hierbei handelte es sich um eine Skytale, einen „Holzstab mit definierten Durchmesser, um den ein Papyrusstreifen gewickelt wurde"[3], auf welchem ein Text geschrieben wurde. Der Empfänger musste nun eine Skytale vom selben Durch-messer besitzen, den Streifen um diesen wickeln und konnte somit den Text entschlüsseln. Hätte der Holzstab einen anderen Durchmesser gehabt, so wäre die Botschaft nicht zu erkennen

---

[1] Hütter, Arno: S.1
[2] Singh, Simon: S.18ff
[3] Hütter, Arno: S.2

gewesen, da in diesem Falle die Buchstaben falsch aneinander gereiht gewesen wärem. Bei dieser Art der Verschlüsselung handelte es sich um eine erste Form der Transposition.

Caesar, der römische Kaiser um 50 v.Chr., vertraute wiederum einem anderen System – nämlich der Substitution. Hierbei werden Buchstaben nach einem festgelegten Algorithmus gegeneinander ausgetauscht. Der wohl einfachste dieser Algorithmen war die Caesar-Verschiebung, bei der die Buchstaben des Alphabets um eine festgelegte Anzahl an Stellen verschoben wurden. Für die Verschiebung um 3 Stellen ergab sich somit:

Klartext	A	B	C	D	E	F	G	H	I	J	K	L	M	N	O	P	Q	R	S	T	U	V	W	X	Y	Z
Geheim	D	E	F	G	H	I	J	K	L	M	N	O	P	Q	R	S	T	U	V	W	X	Y	Z	A	B	C

Und aus   „GESCHICHTE DER MATHEMATIK"

würde verschlüsselt   „JHVFKLFKWH GHU PDWKHPDWLN" werden (G$\rightarrow$J, E$\rightarrow$H, ...).

Der Kommunikationspartner müsste über die Art der Verschiebung informiert sein und dann die Buchstaben aus der Tabelle zurück umwandeln, um den ursprünglichen Text zu erhalten.

Durch die Verschiebung konnten somit 25 verschiedene „Geheimsprachen" geschaffen werden[4].

Deutlich mehr Möglichkeiten an Verschlüsselungsmöglichkeiten konnte man erhalten, wenn man anstatt einer reinen Verschiebung ein die ersten Buchstaben auf ein Wort abbildete, welches jeden Buchstaben maximal einmal enthalten durfte und daraufhin die folgenden Buchstaben in Reihenfolge des Alphabets auf die verbleibenden Buchstaben abbildete:

Benutzt man das Code-Wort „Security", ergibt sich folgende Verschlüsselungstabelle:

Klartext	A	B	C	D	E	F	G	H	I	J	K	L	M	N	O	P	Q	R	S	T	U	V	W	X	Y	Z
Geheim	S	E	C	U	R	I	T	Y	A	B	D	F	G	H	J	K	L	M	N	O	P	Q	V	W	X	Z

Darüber hinaus war es möglich beide Verfahren zu kombinieren, indem man erst letztere Technik anwendete und daraufhin die Buchstaben um eine bestimmte Anzahl an Stellen verschob[5]. Nachteil dieser Methoden ist, dass je länger der Geheimtext ist, man durch die Häufigkeit der Buchstaben Rückschlüsse auf den verwendeten Schlüssel ziehen könnte.

---

[4] Gruhn, Ralf: S. 11 f
[5] Bauer, Friedrich: S. 51

4. Kryptoanalyse und ihre Folgen

Hatte die Kryptographie bis hin ins Mittelalter viel an Bedeutung verloren, so wurde Sie durch wachsende internationale Verflechtungen wieder ins Blickfeld geholt. Da arabische Gelehrte bereits zwischen 800 und 1200 n.Chr. sich ausgiebig mit der Kryptoanalyse, eben dem Entschlüsseln von Substitutionsverfahren durch die Häufigkeit des Auftreten von Buchstaben, beschäftigt hatten[6], mussten jedoch nun effektivere Methoden der Verschlüsselung gefunden werden. Leon Battista Alberti gilt bis heute als der erste Erfinder einer polyalphabetischen Verschlüsselungsmethode, nämlich der Alberti Scheibe. Hierbei handelte es sich um eine Scheibe mit zwei ineinander verschiebbaren Ringen. Auf dem äußeren Ring stand das Alphabet in Großbuchstaben, stellvertretend für den Klartext. Im inneren Ring stand entweder das Alphabet in Kleinbuchstaben, oder eine Transposition des Alphabets, welches den Geheimtext darstellten[7]. Nun wurde am Anfang des Textes nach der auf der Scheibe abgebildeten Vorschrift substituiert:

Abbildung 1: Alberti Scheibe

A→V, B→W, C→X ...

Nach einer festgelegten Wort- oder Buchstabzahl, wurde nun der innere Ring um eine feste Vorschrift weiter gedreht und somit nach einer neuen Abbildungsvorschrift die Buchstaben substituiert[8]. Dadurch, dass ein und derselbe Buchstabe innerhalb eines Textes nun verschiedene Buchstaben darstellen konnte, war er durch Kryptoanalyse nicht mehr zu entschlüsseln.

---

[6] Singh, Simon: S.42
[7] Bauer, Friedrich: S.53f
[8] Hütter, Arno: S. 6

5. Das Vignere-Quadrat

Da Alberti dieses System nicht vollends perfektionierte, beschäftigten sich später viele Wissenschaftler mit seinem System. Unter ihnen auch Blaise de Vignere. Das, nach ihm benannte System nannte sich das Vignere-Quadrat: In diesem zeichnet man eine Tabelle mit 26 Zeilen und 26 Spalten und einer Zeile zur Beschriftung, in der das Alphabet von A bis Z in Großbuchstaben steht und einer Spalte als Beschriftung in der das Alphabet von a bis z in Kleinbuchstaben stand. Die erste Zeile, also die „a-Zeile" wurde mit dem Alphabet ohne Verschiebung gefüllt. In der zweiten Zeile („b-Zeile") wurde das Alphabet um eine Stelle nach links verschoben. Dies wurde für alle 26 Zeilen durchgeführt und sah wie folgt aus:

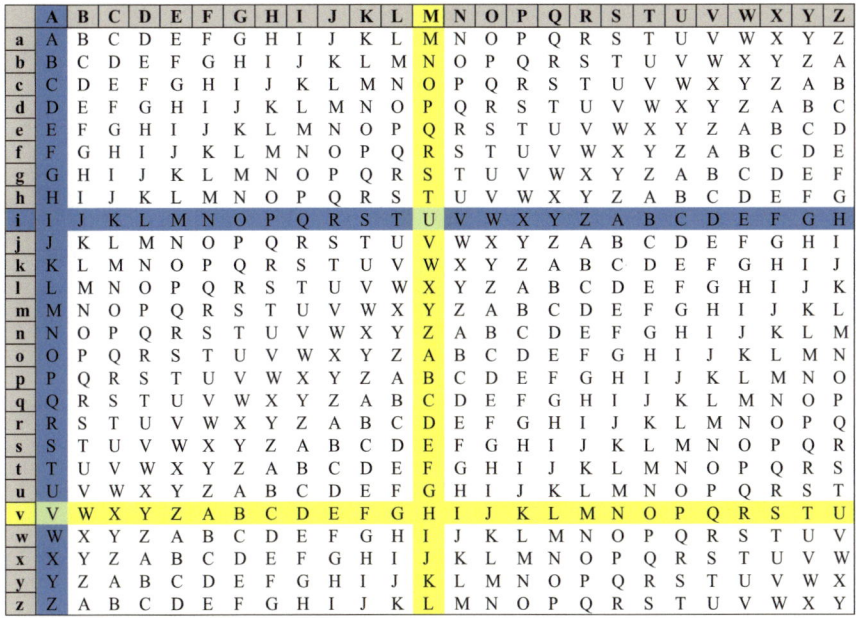

	A	B	C	D	E	F	G	H	I	J	K	L	M	N	O	P	Q	R	S	T	U	V	W	X	Y	Z
a	A	B	C	D	E	F	G	H	I	J	K	L	M	N	O	P	Q	R	S	T	U	V	W	X	Y	Z
b	B	C	D	E	F	G	H	I	J	K	L	M	N	O	P	Q	R	S	T	U	V	W	X	Y	Z	A
c	C	D	E	F	G	H	I	J	K	L	M	N	O	P	Q	R	S	T	U	V	W	X	Y	Z	A	B
d	D	E	F	G	H	I	J	K	L	M	N	O	P	Q	R	S	T	U	V	W	X	Y	Z	A	B	C
e	E	F	G	H	I	J	K	L	M	N	O	P	Q	R	S	T	U	V	W	X	Y	Z	A	B	C	D
f	F	G	H	I	J	K	L	M	N	O	P	Q	R	S	T	U	V	W	X	Y	Z	A	B	C	D	E
g	G	H	I	J	K	L	M	N	O	P	Q	R	S	T	U	V	W	X	Y	Z	A	B	C	D	E	F
h	H	I	J	K	L	M	N	O	P	Q	R	S	T	U	V	W	X	Y	Z	A	B	C	D	E	F	G
i	I	J	K	L	M	N	O	P	Q	R	S	T	U	V	W	X	Y	Z	A	B	C	D	E	F	G	H
j	J	K	L	M	N	O	P	Q	R	S	T	U	V	W	X	Y	Z	A	B	C	D	E	F	G	H	I
k	K	L	M	N	O	P	Q	R	S	T	U	V	W	X	Y	Z	A	B	C	D	E	F	G	H	I	J
l	L	M	N	O	P	Q	R	S	T	U	V	W	X	Y	Z	A	B	C	D	E	F	G	H	I	J	K
m	M	N	O	P	Q	R	S	T	U	V	W	X	Y	Z	A	B	C	D	E	F	G	H	I	J	K	L
n	N	O	P	Q	R	S	T	U	V	W	X	Y	Z	A	B	C	D	E	F	G	H	I	J	K	L	M
o	O	P	Q	R	S	T	U	V	W	X	Y	Z	A	B	C	D	E	F	G	H	I	J	K	L	M	N
p	P	Q	R	S	T	U	V	W	X	Y	Z	A	B	C	D	E	F	G	H	I	J	K	L	M	N	O
q	Q	R	S	T	U	V	W	X	Y	Z	A	B	C	D	E	F	G	H	I	J	K	L	M	N	O	P
r	R	S	T	U	V	W	X	Y	Z	A	B	C	D	E	F	G	H	I	J	K	L	M	N	O	P	Q
s	S	T	U	V	W	X	Y	Z	A	B	C	D	E	F	G	H	I	J	K	L	M	N	O	P	Q	R
t	T	U	V	W	X	Y	Z	A	B	C	D	E	F	G	H	I	J	K	L	M	N	O	P	Q	R	S
u	U	V	W	X	Y	Z	A	B	C	D	E	F	G	H	I	J	K	L	M	N	O	P	Q	R	S	T
v	V	W	X	Y	Z	A	B	C	D	E	F	G	H	I	J	K	L	M	N	O	P	Q	R	S	T	U
w	W	X	Y	Z	A	B	C	D	E	F	G	H	I	J	K	L	M	N	O	P	Q	R	S	T	U	V
x	X	Y	Z	A	B	C	D	E	F	G	H	I	J	K	L	M	N	O	P	Q	R	S	T	U	V	W
y	Y	Z	A	B	C	D	E	F	G	H	I	J	K	L	M	N	O	P	Q	R	S	T	U	V	W	X
z	Z	A	B	C	D	E	F	G	H	I	J	K	L	M	N	O	P	Q	R	S	T	U	V	W	X	Y

Nun musste ein Schlüsselwort bestimmt werden, welches durch Hintereinander-Schreiben auf die Länge des zu verschlüsselnden Textes gebracht wurde. Nehmen wir an das Schlüsselwort wäre „VIER" und der zu verschlüsselnde Text „MATHEMATIK", so wäre das Schlüsselwort auf zehn Stellen verlängert worden und würde „VIERVIERVI" lauten.

Für den ersten Buchstaben des Textes würde nun in die v-Zeile geschaut werden, und dann der Eintrag der M-Spalte als erster Buchstabe von „MATHEMATIK" abgelesen: H (gelb markiert). Als nächstes würde der Eintrag der i-Zeile(Schlüsselwort) und A-Spalte gesucht: I

5

(blau markiert). Für den i-ten Buchstaben des zu verschlüsselnden Text müsste somit in der Zeile des i-ten Buchstaben des verlängerten Schlüsselworts nachgeschaut:

Aus „MATHEMATIK" würde mithilfe dieses Schlüssels „HIXYZUEKDS" werden. Der Empfänger würde das Verfahren nach Erhalt der Nachricht dann rückwärts anwenden: Er würde den „H" Eintrag in der v-Zeile suchen, und den Eintrag aus der Beschriftung („M") notieren. Diese Methode der Verschlüsselung war in der damaligen Zeit ohne Kenntnis des Schlüsselworts nicht zu entschlüsseln[9].

Zusätzlich erschweren konnte man dieses Verfahren noch, indem man zusätzlich zu der Verschiebung der Zeilen das Alphabet noch mittels einer Transpositionsvorschrift umstellte. Diese Methode war allerdings meist nicht von Nöten.

6. Die homophone Verschlüsselung

Auch im 17.Jahrhundert reichte eine monoalphabetische Substitution für den Großteil der zu verschlüsselnden Nachrichten vollkommen aus. Für wichtige Nachrichten des Militärs oder Staats konnte immer noch auf die polyalphabetischen Methoden, die deutlich sicherer waren, zurück gegriffen werden. Nachteil dieser Methoden war jedoch, dass es sehr aufwendig war diese zu entschlüsseln und dies viel Zeit in Anspruch nahm, was gerade in Krisenzeiten bei mehreren Hunderten Nachrichten am Tag nicht sehr vorteilhaft war. Gerade militärische Nachrichten mussten zudem häufig schnell entschlüsselt werden, wenn es beispielsweise um Befehle und Strategien in einer Schlacht ging[10].

Daraufhin wurde ein neues Verschlüsselungsschema erfunden, welches sicher gegen die Krytpoanalyse sein sollte – Die homophone Verschlüsselung. Eigentlich war das Prinzip nichts neues. Buchstaben wurden gegen zweistellige Zahlen ausgetauscht. Die Besonderheit dieser Verschlüsselung lag nun darin, dass die Wahrscheinlichkeit eines auftretenden Buchstaben, dadurch bereinigt werden sollte, dass einige Buchstaben durch mehrere Zahlen dargestellt werden konnten, und zwar so viele, wie ihre Auftrittswahrscheinlichkeit war: Das E tritt mit 17% Wahrscheinlichkeit auf, so bekam es 17 Zahlen zugeordnet, ein R trat mit 7% Wahrscheinlichkeit auf, somit konnte es durch 7 Vertreter dargestellt werden[11]. Folglich gab es 100 Zahlen, die zur Verschlüsselung benutzt wurden. Trat nun ein E im Klartext auf, so wurde willkürlich einer der 17 Stellvertreter ausgewählt, um dieses zu verschlüsseln.

---

[9] Hütter, Arno: S. 7ff
[10] Singh, Simon: S. 73
[11] Gruhn, Ralf: S. 22

6

Eine vollständige Verschlüsselungstabelle konnte dann wie folgt aussehen:

a	b	c	d	e	f	g	h	i	j	k	l	m	n	o	p	q	r	s	t	u	v	w	x	y	z
09	78	48	13	45	25	39	65	83	51	84	22	58	71	95	29	35	40	76	49	61	89	28	21	52	66
12	92	81	41	79	23	50	68	88			27	59	91	94			42	86	69	63					
33			62	14	56	32	93				18		00				77	96	75	34					
47		01	16			70	15						05				80	17	85	60					
53		03	24			73	04						07				11	20	97						
67			44				26						54				19	30	08						
			46				37						72				36	43							
			55				58						90												
			57										99												
			64										38												
			74																						
			82																						
			87																						
			98																						
			10																						
			31																						
			06																						

Abbildung 2: Homphone Verschlüsselungstabelle

Und aus einem Klartext: „MATHEMATIK" wurde mithilfe dieser Verschlüsselung beispielsweise: „58 09 97 68 10 59 67 08 51 84".

In der Theorie sollte es aufgrund der Gleichverteilung der Buchstaben von jeweils einem Prozent keine Möglichkeit mehr geben, dieses Verfahren zu analysieren. Dies war so jedoch nicht richtig: Verschiedene Sprachen hatten verschiedene Charakteristiken und besonders gab es Buchstaben, auf die nur ein anderer Buchstabe folgen konnte. So folgt in der deutschen Sprache auf den Buchstaben Q immer ein U. Q hatte nur eine zugeordnete Zahl (in Abb. 2 die 35). Suchte man nun in einem Text nach einer Zahl, auf die nur vier (U hatte 4 Zahlen) verschiedene andere Zahlen folgten, so hatte man bereits U und Q entziffert. Folglich gab es Möglichkeiten die homophone Verschlüsselung zu knacken, doch war dies mit einem deutlich größeren Aufwand verbunden als eine monoalphabetische zu entschlüsseln[12]. Vorteil der homophonen Verschlüsselung im Vergleich zur polyalphabetischen Verschlüsselung war, dass jeweils nur eine Code-Tabelle benutzt werden musste und nicht zwischen verschiedenen gewechselt werden musste.

Eine Verfeinerung dieser Methode erfanden Antoine und Bonaventure Rossignol am französischen Hofe für König Ludwig XIV: Sie ersetzten nicht einzelne Buchstaben durch Zahlen, sondern ganze Silben, zudem gab es einige Zahlen, die die vorangehende Silbe löschten und somit brauchte der französische Kryptographie-Experte Etienne Bazeries selbst 200 Jahre später mehrere Jahre um einen gefundenen Text zu entschlüsseln[13].

---

[12] Gruhn, Ralf: S.23
[13] Singh, Simon: S.78ff

7

7. Die Playfair-Verschlüsselung

Bis zur Hälfte des 19.Jahrhunderts war es Charles Babbage gelungen, die Vignere-Verschlüsselung zu knacken und nachdem Kasiski diese Theorie veröffentlichte, war die Vignere-Verschlüsselung nicht mehr sicher. Mittlerweile war zudem die Nutzung von Telegraphen weit verbreitet und der Wunsch nach Verschlüsselung ihrer Texte wurde nunmehr nicht nur von Staat und Militär gepflegt, sondern auch zunehmend von wirtschaftlichen Unternehmen und sogar Privatleuten. Nun bestand das Problem, dass Telegraphisten lange Zeit brauchten, um eine Nachricht aus willkürlich zusammenhängenden Buchstaben zu übermitteln. Somit begannen viele Privatleute sich mit der Verschlüsselung vertraut zu machen. Die beiden britischen Freunde Baron Lyon Playfair und Sir Charles Wheatstone erfanden daraufhin die „Playfair Chiffre", eine Verschlüsselung, die einfach zu nutzen und zugleich schwer zu entschlüsseln sein sollte[14]:

Dabei wurde ein Kennwort genutzt, in welchem kein Buchstabe doppelt vorkam. Zeilenweise wurde nun in eine 5x5-Matrix zuerst das Kennwort geschrieben, dann das restliche Alphabet ohne die im Kennwort genutzten Buchstaben, wobei I und J gleich behandelt wurden. Der zu verschlüsselnde Text wurde nun in Buchstabenpaare, sogenannte Bigramme, zerlegt. Bestand der Text aus einer ungeraden Anzahl an Buchstaben, wurde ein X am Ende eingefügt. Ebenfalls wurde ein X eingefügt um gleiche Buchstabenpaare wie „MM" zu verdecken. Nun gab es drei Regeln zum Verschlüsseln der Bigramme, die anhand der Matrix mit dem Kennwort „MATHE" verdeutlicht werden[15]:

1) Lag das Buchstabenpaar in einer Zeile, wurden die beiden Buchstaben durch den jeweils rechten Nachbarn ersetzt: CF → DG

2) Lag das Buchstabenpaar in einer Spalte, wurden die beiden Buchstaben durch den jeweils unteren Nachbarn ersetzt: LX → RT

3) Lag das Buchstabenpaar weder in derselben Zeile noch in derselben Spalte, wurde der Überkreuz-Schritt angewandt und Spaltenindizes der beiden Buchstaben wurden vertauscht: EK→AO

Wollte man „GESCHICHTE" anhand dieser Methode verschlüsseln ginge dies wie folgt:

M	A	T	H	E
B	C	D	F	G
I/J	K	L	N	O
P	Q	R	S	U
V	W	X	Y	Z

- Zerlegen in Bigramme „GE SC HI CH TE"

- Umwandeln der Bigramme: „OG FQ MN AF HM"

---

[14] Singh, Simon: S.104f, S.428f
[15] Bauer, Friedrich: S.66

Und der verschlüsselte Text würde „OGFQMNAFHM" lauten.

Wheatstone und Playfair waren nun darauf aus, dieses Verfahren auch in der Nutzung des Militärs zu etablieren, was anfänglich auf Widerstand stieß, da es zu kompliziert sei. Nachdem sie weiter darauf beharrten, das System sei sicher und einfach, wurde es im Burenkrieg erstmals verwendet. Zwar erwies es sich anfangs als sicher, doch stellte es sich heraus, dass es Ansatzpunkte zum entschlüsseln gab, indem man Texte auf die, in der Sprache, häufigsten Bigramme untersuchte.

8. Das One-Time-Pad

Anfang des 20. Jahrhunderts entwickelte Major Mauborgne ein Verschlüsselungsprinzip, welches bei richtiger Anwendung nicht zu entschlüsseln ist – Das One-Time-Pad. Dieses Verfahren basiert auf der Modulo-26-Rechnung. Es wird ein Code-Text benötigt, der dem zu verschlüsselnden Klartext in der Länge entspricht. Die Buchstaben A-Z erhalten in der Reihenfolge die Wertigkeiten 1-26. Nun wird der erste Buchstabe des Codetextes aus den ersten Buchstaben des Klartexts aufaddiert und Modulo 26 gerechnet. Die entstehende Zahl ist nun der verschlüsselte Buchstabe[16]. Ein Beispiel

Klartext:	MATHEMATIK	Denn:	
Codetext:	GESCHICHTE	$(M+G)\bmod 26 = T$	*[(13+7)mod 26 = 20]*
Verschlüsselt:	TFMKMVDBCP	$(A+E)\bmod 26 = F$	*[(1+5)mod 26 = 6]*

Wurden anfänglich für diese Methode klassische Liedtexte oder Zeitungsartikel als Codetext genommen, stellte sich schnell heraus, dass diese Texte einen Ansatzpunkt für das Entschlüsseln baten, denn man konnte die Texte wieder auf bekannte Bi- oder Trigramme analysieren und somit möglicherweise Teile des Textes entschlüsseln. Folglich mussten komplette Zufallstexte gewählt werden, damit keinerlei Möglichkeit bestand, die Methode zu brechen[17]. Anwendung fand diese Methode besonders bei kurzen Texten, denn lange Texte waren sehr aufwendig zu verschlüsseln und entschlüsseln und zudem mussten die Sende- und Empfangsseite über den Codetext verfügen. Das Verfahren heißt One-Time-Pad oder Einmalverschlüsselung, da der Codetext nach einmaliger Benutzung zerstört wurde.

---

[16] Hütter, Arno: S.13f
[17] Gruhn, Ralf: S.28f

9

9. Schlusswort:

Fast 4000 Jahre an Kryptographie sind nun abgehandelt und es ist erstaunlich zu sehen, wie sich die Methoden in dieser Zeit gewandelt haben, aber auch wie immer wieder alte Schemen und Methoden aufgegriffen und weiter entwickelt wurden. Wurden Botschaften anfänglich nur versteckt, begann man darauf hin Buchstaben eins zu eins zu substituieren. Da sich allerdings nicht nur die Wissenschaft der Verschlüsselung, sondern auch die Seite der Entschlüsselung weiterentwickelte, war es schon bald nötig auf andere Verfahren zurück zu greifen: Ein Text wurde durch mehrere Substitutionsvorschriften verschlüsselt, was aber auch kein zu großes Hindernis für die Kryptoanalyse darstellte.

Immer wieder stolperte man über die Wahrscheinlichkeit des Auftretens verschiedener Buchstaben, was einen Ansatzpunkt zum Entschlüsseln bat. Mit der homophonen Verschlüsselung dachten die Kryptographen das Problem gelöst zu haben, aber auch hier wurden ihnen die Eigenarten und Charakteristiken der verschiedenen Sprachen zum Nachteil. Letztendlich gab es allerdings immer noch Texte, wie der Text von Ludwig XIV, die auch mehrere Hundert Jahre nach dem Entstehen und trotz fortschreitender Technik nur mit größtem Aufwand zu entschlüsseln waren.

Man kann sagen, dass selbst die nicht-maschinelle Kryptographie sonderbares geleistet hat, denn die Entwicklung ab Anfang des 20.Jahrhunderts ging aufgrund des anhaltenenden technologischen Fortschrittes deutlich schneller als zuvor.

Und doch kommen immer noch Fälle ans Licht, in denen selbst modernste Technik heutzutage nicht in der Lage ist, verschlüsselte Texte aus alten Tagen zu entschlüsseln.

Erst Ende letzten Jahres wurde ein Text gefunden, der aus dem zweiten Weltkrieg stammt und der selbst mit modernster Technik des britischen Geheimdienst nicht zu entschlüsseln ist. Vermutet wird, dass es sich um eine One-Time-Pad Verschlüsselung handelt und, dass man nicht in der Lage sein wird, den Text zu entschlüsseln, solange man nicht an den Codetext gelangt. Und dies könnte sich bei einem Text, der über 60 Jahre alt ist wohl als außerordentlich schwer erweisen[18].

---

[18] Spiegel Online

10

Literaturverzeichnis

[1] Singh, Simon: Geheime Botschaften – Die Kunst der Verschlüsselung von der Antike bis in die Zeit des Internets; 11. Auflage 2012, DTV, München.

[2] Bauer, Friedrich Ludwig: Enzifferte Geheimnisse – Methoden und Maximen der Kryptologie; 3. Auflage 2000, Springer-Verlag, Berlin.

[3] Gruhn, Ralf: Geschichte der Kryptographie mit Beispielen; Hochschule Wismar, 2004 (http://www.wi.hs-wismar.de/~cleve/vorl/projects/krypto/ss04/Gruhn-Geschichte.pdf)

[4] Hütter, Arno: Geschichte der Kryptographie; Johannes Kepler Universität Linz, 2000/2001; (http://members.liwest.at/arno.huetter/pub/kryptographie.pdf)

[5] Spiegel, Online: „Taube mit Geheimbotschaft: Weltkrieg-Code ist nicht zu knacken“, 24.11.2012 (http://www.spiegel.de/wissenschaft/mensch/taube-mit-geheimbotschaft-weltkriegs-code-ist-nicht-zu-knacken-a-869139.html)